Jessica Lizbeth Sanchez Rivas

Perfis estratigráficos da atividade do Cs-137 em sedimentos

Jessica Lizbeth Sanchez Rivas

Perfis estratigráficos da atividade do Cs-137 em sedimentos

Núcleos de dois sistemas aquáticos mexicanos (Lago Santa María del Oro, Nayarit e Laguna de Términos, Campeche)

Imprint

Any brand names and product names mentioned in this book are subject to trademark, brand or patent protection and are trademarks or registered trademarks of their respective holders. The use of brand names, product names, common names, trade names, product descriptions etc. even without a particular marking in this work is in no way to be construed to mean that such names may be regarded as unrestricted in respect of trademark and brand protection legislation and could thus be used by anyone.

Cover image: www.ingimage.com

This book is a translation from the original published under ISBN 978-620-0-01745-1.

Publisher:
Sciencia Scripts
is a trademark of
Dodo Books Indian Ocean Ltd. and OmniScriptum S.R.L publishing group

120 High Road, East Finchley, London, N2 9ED, United Kingdom
Str. Armeneasca 28/1, office 1, Chisinau MD-2012, Republic of Moldova, Europe
Printed at: see last page
ISBN: 978-620-7-40054-6

RESUMO

^{137}O Cs é um radionuclídeo artificial que foi libertado no ambiente entre 1950 e 1960 em resultado de testes atmosféricos de armas nucleares. Os seus registos estratigráficos são utilizados para validar a datação por ^{210}Pb, graças às actividades máximas de ^{137}Cs registadas em 1963. O principal objetivo deste trabalho foi determinar os perfis de atividade de ^{137}Cs em núcleos sedimentares do Lago Santa Maria del Oro, Nayarit (SAMO), e da Laguna de Terminos, Campeche (LT), a fim de confirmar a cronologia derivada de ^{210}Pb. Os dois núcleos do Lago Santa Mana de el Oro (SAMO) foram recolhidos com um berbequim de gravidade, enquanto os dois núcleos da Laguna de Terminos (LTME) foram recolhidos manualmente com tubos de PVC. As amostras de sedimentos foram preparadas de acordo com uma geometria calibrada e as actividades de Cs^{137} foram determinadas por espetrometria gama. ^{137}A gama de atividade de Cs foi mais elevada no núcleo SAMO 14-2 (2,92±1,24 - 23,06±1,65 Bq kg^{-1}) do que no núcleo SAMO 18-4 (2,29±1,09 - 12,4±1,28 Bq kg^{-1}), e o pico de atividade de ^{137}Cs foi melhor definido em SAMO 14-2. As baixas^{137} actividades de Cs no SAMO 18-4 foram atribuídas a um maior fornecimento de sedimentos no local do núcleo, o que diluiu a^{137} atividade de Cs. ^{137}As gamas de atividade de Cs nos núcleos LT foram comparáveis (LTME1: 1,79±0,52 - 4,16±0,59; LTME2: 2,24±0,36 - 3,99±0,74 Bq kg^{-1}), e a atividade de ^{137}Cs no perfil estratigráfico do núcleo LTME2 não mostra um pico claramente definido. A baixa atividade de ^{137}Cs nos núcleos LTME está ligada à elevada solubilidade do^{137} Cs na água do mar. Nos núcleos SAMO 14-2, SAMO 18-4 e LTME1, os picos de ^{137}Cs confirmaram a cronologia deduzida a partir de^{210} Pb; no entanto, no núcleo

LTME2, a cronologia não pôde ser confirmada porque a atividade máxima de ^{137}Cs não corresponde ao ano esperado de 1963, o que está provavelmente ligado à entrada de solo erodido da bacia hidrográfica. Este trabalho demonstrou que o ^{137}Cs é útil como marcador estratigráfico para apoiar datações mais recentes em núcleos sedimentares de sistemas aquáticos mexicanos.

Palavras chave: ^{137}Cs, perfil estratigráfico, núcleos de sedimentos lacustres e costeiros.

INTRODUÇÃO

Os núcleos de sedimentos são considerados arquivos ambientais porque podem fornecer informações sobre as condições do passado e são registos fiáveis da evolução dos ecossistemas. A reconstrução do ambiente a partir dos sedimentos baseia-se no pressuposto de que as camadas de sedimentos estão dispostas pela mesma ordem em que foram depositadas (princípio da sobreposição), pelo que, se não estiverem misturadas, reflectem a cronologia dos acontecimentos passados e é possível reconstruir as condições ambientais no momento em que se formaram [1].

O estudo de núcleos de sedimentos na água fornece informações sobre variações temporais nas taxas de acumulação de sedimentos [2], fluxos de nutrientes e poluentes como metais pesados e compostos orgânicos persistentes [3].

Um dos radioisótopos mais utilizados para datar sedimentos recentes (~100 anos) é o ^{210}Pb. No entanto, a cronologia deduzida por este método deve ser apoiada por outros marcadores independentes, incluindo o isótopo radioativo ^{137}Cs, cujas fontes e processos de transferência nos sedimentos são independentes dos do ^{210}Pb [4].

^{137}O Cs, que tem uma meia-vida ($t_{1/2}$, o tempo necessário para que metade da quantidade inicial do nuclídeo decaia) de 30,05±0,08 anos [5], é um radionuclídeo artificial que foi libertado no ambiente durante os ensaios atmosféricos de armas nucleares no final da década de 1950 e início da década de 1960 [6; 7]. O valor máximo de atividade de ^{137}Cs em registos sedimentares pode ser utilizado para determinar a profundidade correspondente ao período de máximo ensaio atmosférico de armas nucleares (19631964) [8].

Num perfil estratigráfico de ^{137}Cs, existe um nível de base ou zona de fundo correspondente ao período anterior a 1950 (início dos ensaios atmosféricos de armas nucleares), ano a partir do qual as concentrações de[137] Cs nos sedimentos aumentam, atingindo um nível máximo em ~1963, verificando-se posteriormente uma diminuição das concentrações deste radionuclídeo devido à proibição dos ensaios atmosféricos de armas termonucleares [9]. Em alguns casos, particularmente em sedimentos da Europa, é detectada uma segunda precipitação significativa de[137] Cs para a atmosfera, devido à explosão do reator de Chernobyl em 1986, e se for este o caso, o registo sedimentar pode também conter um segundo máximo [10]. A Figura 1 mostra o perfil estratigráfico de[137] Cs de um núcleo sedimentar do Lago Espejo de los Lirios (Estado do México), com os dois picos de atividade de[137] Cs em 1963 e 1986 [11].

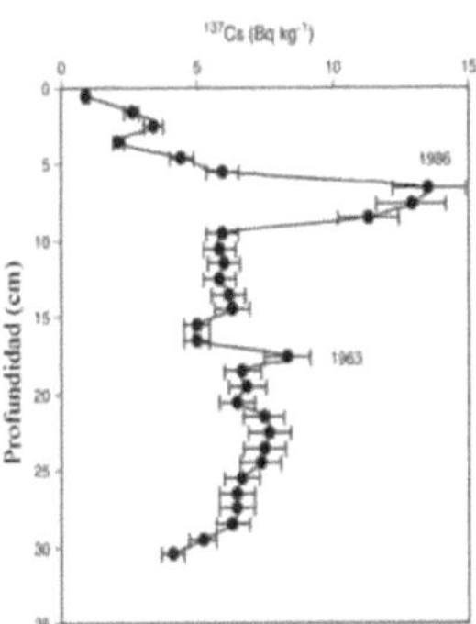

Perfil de atividade de[137] Cs no lago Espejo de los Lirios [11].

O principal objetivo deste trabalho foi determinar a atividade de[137] Cs em núcleos de sedimentos recolhidos no lago de Santa Mana del Oro e nos pântanos da lagoa Terminos, a fim de apoiar os dados de idade obtidos pelo método de datação por Pb^{210} . O lago Santa Mana del Oro e a lagoa Terminos são importantes zonas de túnel em torno das quais se desenvolvem várias actividades antropogénicas, como a pesca, o comércio e a mineração em Santa Mana del Oro [12], e a agricultura, a pecuária e a exploração de hidrocarbonetos na lagoa Terminos [13].

QUADRO CONTEXTUAL

2.1. Empresa

2.1.1. Antecedentes históricos

O Instituto de Ciências do Mar e Limnologia da Universidade Nacional Autónoma do México (UNAM) é uma instituição pioneira na investigação costeira e marinha no noroeste do México. No final dos anos 60 e início dos anos 70, o Departamento de Ciências do Mar e Limnologia do Instituto de Biologia da UNAM encomendou as primeiras instalações da UNAM ao abrigo de um contrato com a Secretaria dos Recursos Hídricos. As primeiras instalações da estação de Mazatlan em Punta Tiburon, partilhadas com a Faculdade de Ciências Marinhas da Universidade Autónoma de Sinaloa (UAS) e com o Centro Regional de Investigação Pesqueira (CRIP-SEMARNAP), foram colocadas em funcionamento.

Mais tarde, durante a construção da primeira fase das actuais instalações, as instalações da estação foram transferidas para um edifício na Calle Venustiano Carranza. As instalações do Departamento Académico de Mazatlán foram inauguradas em 3 de novembro de 1976. Em 11 de março de 1999, o Conselho Técnico da Investigação Científica aprovou o regulamento interno do Instituto de Ciências do Mar e da Limnologia. Em 9 de dezembro de 1999, o Instituto de Ciencias del Mar y Limnolog^a^2 foi oferecido, de acordo com o Diario Oficial de la Federacion, Tomo DLV n° 7, uma área de 73.547,87 m^a na foz do rio Unas na ilha de Belvedere [14].

2.1.2. Área geográfica

O departamento académico de Mazatlán dispõe de 15 laboratórios, um centro informático, uma biblioteca e um aquário. O laboratório em que este trabalho está a ser desenvolvido é o Laboratório de Geoquímica Isotópica e Geocronologia (LGIG). Criado em 2001, tem capacidade técnica e instrumental para analisar : (1) radionuclídeos naturais e artificiais por espetrometria alfa e gama de alta resolução e rasante, (2) composição elementar por espetrometria de fluorescência de raios X (XRF), (3) composição elementar C/H/N/S e (4) distribuição granulométrica por difração laser.

2.1.3. Pessoal do Instituto e da LGIG

O pessoal académico do Instituto de Ciências Marinhas e Limnologia da UNAM é composto por 67 investigadores e 53 técnicos académicos, dos quais 36 investigadores e 26 técnicos trabalham no campus da Ciudad Universitaria; 17 investigadores e 12 técnicos na unidade académica de Mazatlan, no estado de Sinaloa; 12 investigadores e 11 técnicos em Puerto Morelos, em Quintana Roo; e 2 investigadores e 3 técnicos na estação de El Carmen, em Ciudad del Carmen, Campeche. O laboratório de Isotopia e Geocronologia Geoquímicas é dirigido pela Dra. Ana Carolina Ruiz Fernandez, que dirige o laboratório, pela M. en C. Libia Hascibe Perez Bernal, técnica de laboratório [15] e a Dra. Tomasa del Carmen Cuellar Marthez, consultora interna para o presente trabalho.

2.2. Definição do problema

^{210}O Pb é um radionuclídeo natural frequentemente utilizado para datar núcleos sedimentares; os modelos de idade obtidos devem, no entanto, ser validados com marcadores temporais independentes. ^{137}O Cs é um radionuclídeo artificial frequentemente utilizado como marcador estratigráfico. Espera-se que seja detectado nos sedimentos do Lago Santa Mana del Oro e da Laguna de Terminos, e os seus perfis estratigráficos podem ser utilizados para confirmar a idade destes sedimentos.

2.3. Justificação

A análise retrospetiva de alterações ambientais recentes com base na análise de núcleos sedimentares requer a determinação de um quadro temporal fiável. Os perfis estratigráficos de ^{137}Cs nos núcleos sedimentares validam os modelos de idade estabelecidos para os sedimentos, dando segurança às reconstruções históricas derivadas da análise destes registos ambientais.

2.4. Objectivos

2.4.1. Objetivo geral

Determinação da atividade de ^{137}Cs por espetrometria gama em amostras de sedimentos do Lago Santa Mana del Oro em Nayarit e da Lagoa Terminos em Campeche, a fim de apoiar a cronologia dos dois ecossistemas deduzida pelo método ^{210}Pb.

2.4.2. Objectivos específicos

- Preparação de amostras de sedimentos em geometria calibrada para análise da atividade específica de Cs.^{137}
- Determinação da atividade de ^{137}Cs em sedimentos por espetrometria gama.
- Estabelecer o perfil estratigráfico das actividades de ^{137}Cs em núcleos sedimentares.
- Verificar se o perfil de Cs^{137} é útil para confirmar a cronologia deduzida pelo método ^{210}Pb.

O enquadramento estético

Radioatividade e isótopos radioactivos

Os isótopos radioactivos (ou radionuclídeos) têm núcleos instáveis e perdem o seu excesso de energia através do processo de decaimento radioativo, que envolve a emissão espontânea de partículas alfa (a) ou beta (β) e de raios gama (γ). Durante este processo, o átomo original (radionuclídeo pai) é transformado no átomo de outro elemento que pode ser estável ou radioativo (radionuclídeo filho), criando uma cadeia de desintegrações sucessivas (série radioactiva) que só termina com a produção de um elemento estável [1].

Durante o processo de decaimento de um radioisótopo, são produzidos os seguintes tipos de emissões:

1. Partícula a. Trata-se de uma forma de emissão radioactiva idêntica ao núcleo dos átomos de hélio 4 com número atómico 2 e número de massa 4. Quando uma partícula alfa é emitida, o número atómico do elemento diminui de 2 unidades e o número de massa de 4 unidades [16].

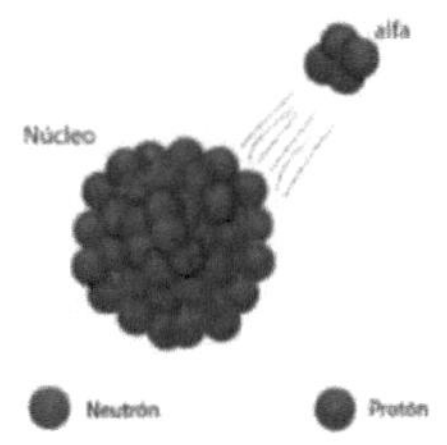

Figura 2. Ordem do participante a.

2. Partícula β. É uma forma de emissão radioactiva idêntica a um eletrão e tem uma carga de -1. Quando uma partícula beta é emitida, o número atómico do elemento aumenta de 1 e o número de massa permanece o mesmo [16].

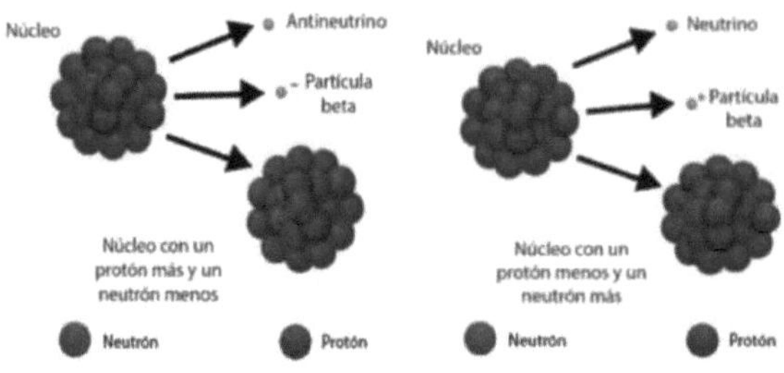

Figura 3. emissão de uma partícula β- (a) Y β+ (b).

3.1.

E . Os raios gama ou fotões não têm carga nem massa e, por conseguinte, não têm influência no número atómico ou no número de massa de um elemento [16].

3.2. Datação de sedimentos com ^{210}Pb e confirmação com Cs^{137}

A técnica mais comummente utilizada para estabelecer um quadro cronológico em sedimentos marinhos e costeiros recentes (~100 anos) é a datação com ^{210}Pb e a confirmação com o radioisótopo artificial ^{137}Cs [17], presente no ambiente na sequência de testes atmosféricos de armas nucleares nos anos 1954-1964 [10], que se enquadra no período datável com Pb.^{210}

A radiocronologia com ^{210}Pb deve ser apoiada por marcadores estratigráficos como os radionuclídeos artificiais ^{137}Cs e ^{239}Pu, cujos máximos de atividade em perfis sedimentares, produtos da detonação atmosférica de armas nucleares, devem corresponder ao horizonte temporal de 1962 a 1964, o período das maiores actividades mundiais de testes nucleares [18]. Enquanto os máximos de ^{137}Cs e ^{239}Pu concordam com os dados derivados da análise de ^{210}Pb, os outros parâmetros calculados por radiocronologia mostraram ser fiáveis [19].

Uma vez estabelecido o quadro geocronológico de um núcleo sedimentar, é possível reconstruir vários aspectos das alterações globais, como o aumento da poluição por metais pesados no ambiente ou por poluentes orgânicos persistentes (POP), bem como as flutuações dos fluxos e a conservação do carbono orgânico nos sedimentos [1; 20].

3.3.   Factores que influenciam a deposição de Cs^{137}

A deposição de ^{137}Cs na superfície do planeta depende de factores ambientais como a latitude, a precipitação e a altitude. Os resíduos radioactivos libertados para a atmosfera pelos ensaios nucleares atmosféricos depositaram-se principalmente no hemisfério norte, onde foi efectuada a maior parte dos ensaios nucleares. A maior deposição de ^{137}Cs foi medida entre 30° e 50° de latitude norte (Figura 4) [21].

^{137}O Cs pode entrar no solo ou nos sistemas aquáticos através de dois mecanismos de transporte diferentes: a deposição seca e a deposição húmida. A deposição seca ocorre quando os poluentes são depositados na fase gasosa ou ligados a partículas na superfície do solo, da água ou do biota, ao passo que a deposição húmida ocorre quando os poluentes são dissolvidos ou suspensos em gotículas hidrométricas (por exemplo, chuva, neve, nevoeiro) que se depositam e atingem a superfície terrestre [22]. A deposição atmosférica de ^{137}Cs é mais intensa a grandes altitudes do que a baixas altitudes, porque os elementos radioactivos são depositados diretamente do ar [23].

As variações na concentração de ^{137}Cs nos sedimentos podem estar relacionadas com o tempo decorrido desde a sua libertação no ambiente, uma vez que a atividade de[137] Cs nos sedimentos diminuiu cerca de 70% em comparação com a atividade inicialmente depositada devido ao decaimento radioativo [24]. Do mesmo modo, a elevada solubilidade do[137] Cs na água do mar atrasa a sua absorção pelos sedimentos depois de ter sido introduzido no ambiente aquático devido à deposição atmosférica [25]. Além disso, o[137] Cs pode ser mobilizado na coluna sedimentar através da água dos poros em resultado de processos diagenéticos devidos a processos físico-químicos (por exemplo, alterações nas condições redox) [26]. A concentração de[137] Cs pode também ser influenciada pela presença de minerais de argila (por exemplo, ilite e biotite) nos sedimentos, que são capazes de adsorver[137] Cs por troca catiónica [27], ou seja, o Cs pode substituir outros catiões. [137]O Cs pode substituir outros catiões que se encontram à superfície ou no espaço interlaminar da estrutura argilosa, ou seja, quanto maior for o teor de minerais argilosos no sedimento, maior será a concentração de 137Cs [28].

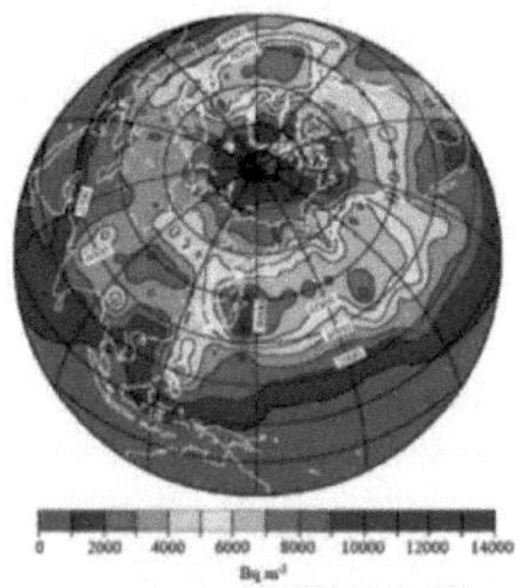

Figura 4. Distribuição geográfica do 137Cs no mundo [21].

No México, foram efectuados estudos ambientais em que o[137] Cs-Maxima foi utilizado para confirmar modelos de idade em sedimentos lacustres do Lago Chapala, Jalisco [29] e do Lago Espejo de los Lirios, Estado do México [11], bem como em sedimentos costeiros da Laguna de Terminos, Campeche [30] e da Laguna de Alvarado, Veracruz [24]. No entanto, outros estudos não encontraram um valor máximo de[137] Cs, mas a sua presença foi utilizada para confirmar que os sedimentos se acumularam no período que se seguiu aos ensaios nucleares atmosféricos (~1950) [31 ; 32].

Em sedimentos da Laguna de Mitla, Guerrero [33], não Culiacan, Sinaloa [34], Altata-Ensenada del Pabellon, Sinaloa [35], Golfo de Tehuantepec, México [36 ; 37], Laguna Ohuira, Sinaloa [38], verificou-se que a atividade de [137] Cs era inferior aos níveis de fundo, o que foi associado ao baixo fluxo atmosférico de [137] Cs na região, uma vez que a principal deposição de [137] Cs teve lugar em locais próximos de detonações atmosféricas de armas nucleares (30-50°N) [39]. Além disso, as condições climáticas caracterizadas por baixa precipitação na costa norte do Pacífico mexicano e a elevada solubilidade do [137] Cs na água do mar estão ligadas à baixa atividade do [137] Cs nos sedimentos [39; 34].

CAMPO DE ESTUDO

4.1.   Lago Santa Mana del Oro

O lago Santa Mana del Oro (SAMO) está localizado no sul do estado de Nayarit (21°22'58" N, 104°34'48" W, fig. 5a, b), 750 m acima do nível do mar. O lago tem uma extensão de 4 km^2 com um diâmetro de 2 km e uma profundidade máxima de 65 m; é endorreico e alimentado por precipitação, escoamento superficial e um rio subterrâneo [40]. É classificado como um lago monomórfico quente (a fase de mistura ocorre entre fevereiro e março), permanece estratificado durante a maior parte do ano e tem uma camada de saliência entre 17 e 20 m [41]. O lago tem características mesotróficas com altas concentrações de fósforo e sal [42]. O clima na área do lago é semi-húmido e sub-húmido temperado com chuvas de verão, a precipitação total anual é de 1.000-1.500 mm e a temperatura anual está entre 16-26°C [43]. O lago SAMO está rodeado por povoações rurais de baixa a alta marginalidade e uma zona urbana de baixa marginalidade. 23% da população da comuna é economicamente ativa, com 63% na agricultura e 21% no sector dos serviços. O lago é a principal atração turística do município. O seu desenvolvimento gradual como destino turístico (nos últimos 40 anos ou mais) levou ao crescimento de áreas urbanas que, durante várias décadas, lançaram os seus resíduos diretamente no lago, bem como à proliferação de barcos que utilizam combustíveis fósseis [44].

4.2.   Lagoa dos Terminos

A Laguna de Terminos (LT, 18° 36' 28.3" N, 91° 33' 21" W) está localizada no sul do Golfo do México, no estado de Campeche (fig. 5a, c). É uma lagoa costeira com uma superfície de 1.800 km² e uma profundidade média de 4 m, para a qual correm as águas dos rios Candelaria, Chumpan e Palizada. A LT é separada do oceano aberto pela Isla del Carmen, uma barreira com duas aberturas que permitem a troca de água salgada e doce, e é o lar da cidade de Carmen (população ~170.000 em 2010) [45], que se desenvolveu em torno da indústria petrolífera. O clima da região é quente e sub-húmido, com chuvas abundantes no verão, um total anual de 1.200-2.000 mm e uma temperatura média anual de 26-28°C [43].

A ilha Carmen está rodeada por cerca de 4.392 hectares de mangais, que *incluem Rhizophora mangle, Avicennia germinans, Laguncularia racemosa* e *Conocarpus erectus* [46]. Os mangais prestam importantes serviços ambientais, incluindo a proteção costeira, a purificação da água, o abastecimento de pescado e a conservação da biodiversidade. Têm também uma grande capacidade de captar e armazenar dióxido de carbono (CO_2) sob a forma de carbono orgânico, duas a quatro vezes mais por ano do que as florestas de mangais.

do que a das florestas tropicais [47].

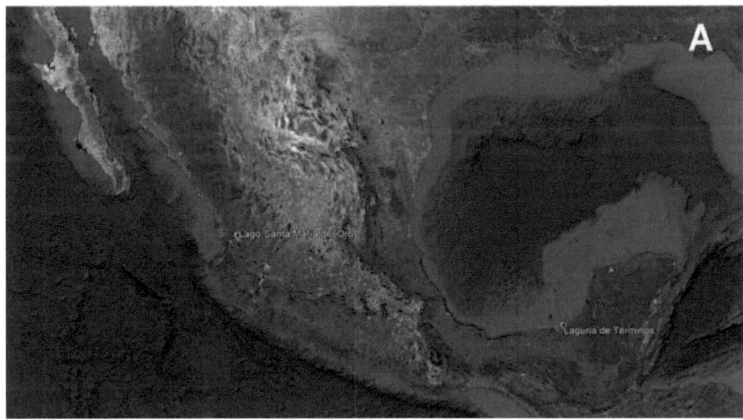

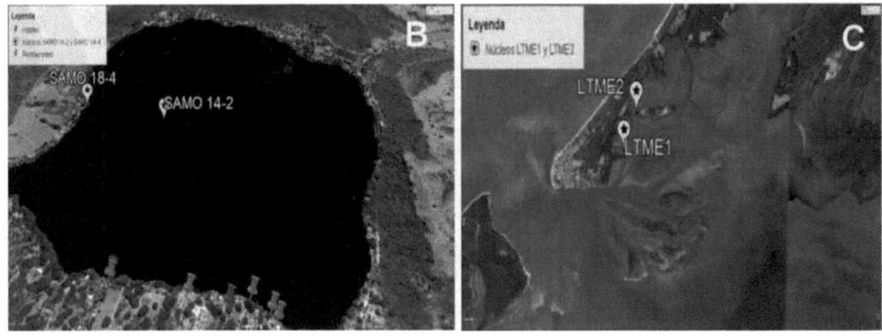

Localização das áreas de estudo (a) e dos locais de recolha de amostras de sedimentos SAMO 14-2 e SAMO 18-4 no Lago Santa Mana del Oro, Nayarit (b), e LTME1 e LTME2 na Laguna de Terminos, Campeche (c).

MATERIAIS E MÉTODOS

5.1.   Recolha de amostras

5.1.1.   Lago Santa Maria del Oro

No lago Santa Mana del Oro, foram recolhidos dois núcleos de sedimentos (SAMO 14-2 e SAMO 18-4, Figura 5b) utilizando um nucer de gravidade UWITEC™ e tubos de PVC transparentes com um diâmetro interno de 8,6 cm e um comprimento de 1,2 metros. O núcleo SAMO 14-2, com 78 cm de comprimento, foi recolhido em 28 de abril de 2014 nas coordenadas 21°22'11.20.20"N e 104°34'20.10"W, a uma profundidade de coluna de água de 48,2 metros. O núcleo SAMO 18-4, com 36 cm de comprimento, foi recolhido a 1 de maio de 2018 nas coordenadas 21°22'15.06"N e 104°34'37.30"W, a uma profundidade de 6 metros na coluna de água.

5.1.2.   Lagoa dos Terminos

Dois núcleos de sedimentos foram coletados manualmente em 9 de abril de 2018 em áreas pantanosas nas proximidades da Lagoa dos Terminos (LT), usando tubos de PVC com diâmetro interno de 10 cm e comprimento de 1 metro, a uma profundidade de coluna d'água <1 metro. O núcleo LTME1, com 59 cm de comprimento, foi recolhido nas coordenadas 18°47'34.84.84"N e 91°27'49.62"W; e o núcleo LTME2, com 64 cm de comprimento, foi recolhido nas coordenadas 18°48'21.69"N e 91°27'27.30"W (Figura 5c).

5.2.   Preparação da amostra

Os núcleos de sedimentos foram extrudidos e cortados a cada centímetro. O peso húmido das amostras foi registado e estas foram liofilizadas durante 72 horas num

Labconco™ (modelo nº 7754042) a uma pressão de 0,1 Torr e a uma temperatura de cerca de -40°C. As amostras foram então colocadas em sacos de plástico. O peso seco foi registado para determinar o teor de humidade. Uma quota de cada amostra foi triturada num almofariz de porcelana e as amostras foram armazenadas em sacos de plástico até à análise.

5.3.   Análises laboratoriais

Para a análise de^{137} Cs, um contingente K de sedimento pulverizado (~4 g) foi pesado num frasco de polietileno com 56 mm de comprimento e 11 mm de diâmetro. O frasco com a amostra foi colocado num detetor gama Ortec™ well HPGe para contagem durante pelo menos 48 horas, até se obter uma incerteza inferior a 10% [11]. O procedimento pormenorizado para a análise de^{137} Cs em sedimentos é apresentado no Apêndice 1.

RESULTADOS

6.1. Actividades de[137] Cs em sedimentos

6.1.1. Lago Santa Mana del Oro

No núcleo SAMO 14-2, a gama de atividade de[137] Cs situou-se entre 2,92±1,24 e 23,06±1,65 Bq kg^{-1} . O valor mais elevado de atividade foi medido na secção de 16-17 cm (23,06±1,65 Bq kg^{-1} , Figura 6a).

No núcleo SAMO 18-4, a gama de atividade de[137] Cs situou-se entre 2,29±1,09 e 12,4±1,28 Bq kg^{-1} . O valor mais elevado de atividade foi medido na secção de 29-30 cm (12,4±1,28 Bq kg^{-1} , Figura 6b).

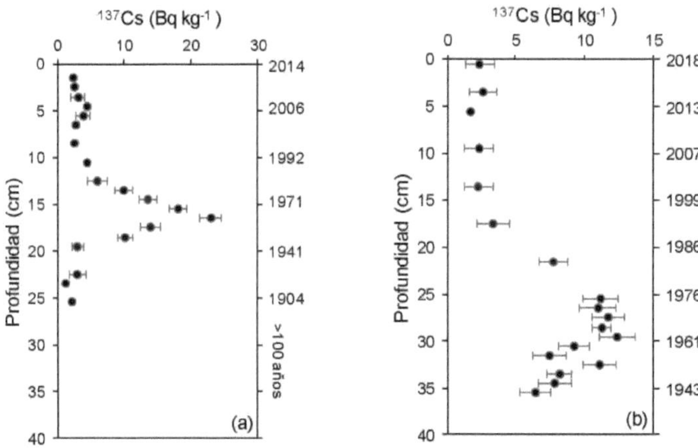

De acordo com o modelo de idade (CF) com^{210} Pb, obtido para os dois núcleos [48], os períodos em que a atividade máxima de[137] Cs foi detectada correspondem aos anos 1957±6,3 - 1964±6,1 para o núcleo SAMO 14-2 e 1965±3,37 - 1968±3,08 para o núcleo SAMO 18-4, que coincidem com o período de máximo teste nuclear atmosférico (1962 - 1964) [31], o que confirma a datação com Pb.^{210}

Figura 6. Perfis estratigráficos da atividade de[137] Cs nos núcleos: SAMO 14-2 (a) e SAMO 18-4 (b).

6.1.2.   Lagoa dos Terminos

No núcleo LTME1, o intervalo de atividade de[137] Cs situou-se entre 1,79±0,52 e 4,16±0,59 Bq kg[-1] . O valor de atividade mais elevado foi observado na secção 12-13 cm (4,16±0,59 Bq kg[-1] , Figura 7a), o que corresponde, de acordo com o modelo de idade obtido com[210] Pb, aos anos 1962±3,1 - 1964±2,8 [48], o que coincide com o pico dos ensaios nucleares atmosféricos (1962 - 1964) [37] e, portanto, confirma a cronologia obtida com o método[210] Pb.

No núcleo LTME2, a gama de atividade de[137] Cs situou-se entre 2,24±0,36 e 3,99±0,74 Bq kg[-1] . A atividade máxima foi encontrada na secção 19-20 cm (3,99±0,74 Bq kg[-1] , figura 7b), o que corresponde aos anos (1930±5,2 - 1934±4,6) de acordo com o modelo de datação CF [48], que não corresponde ao máximo de testes nucleares atmosféricos e, portanto, não valida o modelo de datação Pb.[210]

Figura 7. Perfis estratigráficos da atividade de[137] Cs dos núcleos: LTME1 (a) e

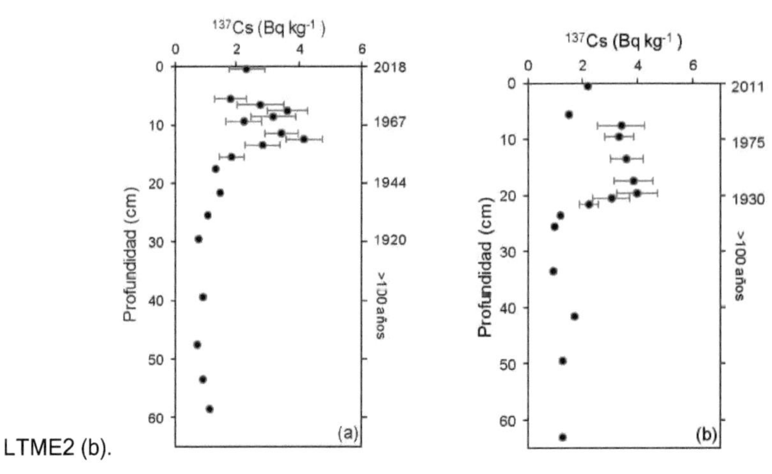

LTME2 (b).

DISCUSSÃO DOS RESULTADOS

7.1.   Actividades Cs[137]

A atividade de[137] Cs no núcleo SAMO 14-2 (2,92±1,24 - 23,06±1,65 Bq kg^{-1}) foi superior à do núcleo SAMO 18-4 (2,29±1,09 a 12,4±1,28 Bq kg^{-1}). A menor atividade de[137] Cs no núcleo SAMO 18-4 pode estar relacionada com a maior disponibilidade de sedimentos, porque este núcleo foi recolhido numa área mais próxima das margens do lago SAMO e a taxa de acumulação de massa foi sete vezes mais elevada (0,15±0,04 a 0,88±0,24 g cm^{-2} anno^{-1}) do que no núcleo SAMO 14-2 (0,011±0,003 a 0,77±0,004 g cm^{-2} anno^{-1}) [48]. Além disso, o perfil de atividade de[137] Cs foi melhor definido nos sedimentos do núcleo SAMO 14-2 do que no núcleo SAMO 18-4. Os valores máximos para ambos os núcleos foram encontrados nas secções 16-17 cm do SAMO 14-2 e 29-30 cm do SAMO 18-4, que correspondem respetivamente aos anos 1957-1964 e 1965-1968 de acordo com o modelo de idade, correspondendo ao máximo esperado em 1963.

A atividade de[137] Cs nos núcleos lacustres de SAMO foi comparável aos valores registados no lago Espejo de los Lirios, Estado do México (3-13 Bq kg^{-1}) [11] e no lago Zirahuen, Michoacan (8-18 Bq kg^{-1}) [31] e foi inferior à registada no Lago Chapala, Jalisco (30-50 Bq kg^{-1}) [29] e no Lago Verde, Veracruz (10-107 Bq kg^{-1}) [49] (Tabela 1).

A menor atividade de[137] Cs no lago SAMO em comparação com o lago Chapala pode estar ligada às diferenças de altitude, que são menores no lago SAMO (1173 m de altitude) do que no lago Chapala (1548 m de altitude). A deposição atmosférica de[137] Cs é maior em altitudes mais elevadas porque é depositado diretamente do ar [23]. A menor atividade de[137] Cs no lago SAMO em comparação com o lago Verde pode ser devida à diferença de precipitação, que é duas vezes mais elevada no lago

Verde (2.401 mm por ano^{-1}) do que no lago SAMO (1.132 mm por ano^{-1}), e a deposição de^{137} Cs é maior em locais onde a precipitação é elevada [50].

Nos núcleos sedimentares da Laguna de Terminos, a atividade de^{137} Cs foi comparável (LTME1: 1,79±0,52 a 4,16±0,59 Bq kg^{-1} ; LTME2: 2,24±0,36 a 3,99±0,74 Bq kg-1). Os valores máximos de 137Cs foram encontrados nas secções 12-13 cm do LTME1 e 19-20 cm do LTME2, que correspondem respetivamente aos anos 1962-1964 e 1930-1934 de acordo com o modelo etário, de modo que apenas a cronologia derivada do método^{210} Pb foi confirmada no núcleo LTME1; a ausência de um valor máximo claramente definido de^{137} Cs no perfil estratigráfico do núcleo LTME2 pode estar ligada à deposição de solos erodidos da área de captação.

A atividade de^{137} Cs nos dois núcleos era semelhante à observada nos sedimentos da Laguna de Alvarado, Veracruz (1,20-4,60 Bq kg^{-1} [24]) e estava dentro da gama de actividades encontradas em certas regiões costeiras do México, por exemplo no estuário de Coatzacoalcos, Veracruz (1,80-7,70 Bq kg [32]; Golfo de Tehuantepec, Oaxaca (1-1.70 Bq kg [36]), bem como nos sedimentos do Mar das Filipinas (1,20-7,70 Bq kg [36]).80-7,70 Bq kg^{-1} [32]); Golfo de Tehuantepec, Oaxaca (1-1.70 Bq kg^{-1} [36]), bem como em sedimentos do mar das Filipinas (0,20-2,80 Bq kg^{-1} [51]), da ilha de Sumba, Indonésia (<1,50 Bq kg^{-1} [52]) e do Atlântico sudeste (0,30-1,79 Bq kg^{-1} [53]) (Quadro 1). No entanto, foi inferior ao registado nos sedimentos do Mar Negro, na Turquia (37,45 Bq kg^{-1} [54]), o que pode ser explicado pela deposição de^{137} Cs associada ao acidente de Chernobil neste último local [54].

A baixa atividade do^{137} Cs nos sedimentos costeiros está ligada à elevada solubilidade deste radionuclídeo na água do mar, observada em núcleos de sedimentos da parte norte do México (estuário de Culiacan, lagoa Altata-Ensenada del Pabellon e lagoa Ohuira em Sinaloa) [34; 35; 38].

Tabela 1. Actividades de^{137} Cs em sedimentos de diferentes sistemas aquáticos no México e no mundo.

Tipo de ambiente	Sítio Web	Atividade de ^{137}Cs (Bq kg)$^{-1}$	Dados de contacto A peça central	Precipitação[a] (mm ano)$^{-1}$	Altitude[d] (masl)	Referência
Lagos	Lago Chapala, Jalisco	30-50	20°150'N ; 103°000'O	859±227	1548	[29]
	Lago Zirahuen, Michoacan	8-18	19°26'N ; 101°44'O	1,069±368[b]	2075	[31]
	Lago Espejo de los Lirios, México	6-13.50	19°38'N ; 99°13'O	664±186	2280	[11]
	Lago Verde, Veracruz	10-107	18°36.72'N ; 95°20.87'O	2,401±557	149	[49]
	Lago Santa Mana del Oro, Nayarit	2.92-23.06 2.29-12.40	21°22'11.2"N ; 104°34'20.1"O 21°22'15.0"N ; 104°34'37.3"O	1,132±354	750	Presente Estudo
Lagos	Lago Xingyung	1-8.90	24°20'19"N ; 102°46'51"E	n.d.	1722	[55]
	Lago Puyehue, Chile	2.50-11.80	40°40'S; 72°24'W	n.d.	211	[57]

Tipo de ambiente	Sítio Web	Atividade de ^{137}Cs (Bq kg)^{1}
Lagoa costeira	Lagoa Mitla, Guerrero	-8.33 21-40
	Laguna de Terminos, Campeche	1.79-4.16 2.24-3.99
	Altata-Ensenada del Pabellon, Sinaloa	0.02

Tipo de ambiente	Sítio Web	Nível Contexto
	Lagoa de Ohuira, Sinaloa	Nível Contexto
	Lagoa do Alvarado, Veracruz	1.20-4.60
Foz dos rios	Boca do rio Culiacan, Sinaloa	0.33

Coordenadas principais	Precipitação[3] (mm ano)[1]	Altitude[d] (masl)	Referência
n. d	1,331±415	0	[33]
18°40'N ; 91°30'O			[30]
18°47'34.8 "N ; 91°27'49.6 "O	1,244±331	0	Presente
18°48'21.7 "N ; 91°27'27.3 "O			Estudo
n. d	412±236	0	[35]
25°41'N ; 108°53'O	323±149	1	[38]
18°47'52.4 "N ; 95°51'28.4 "O	1,703±455	1	[24]
n. d	169±213[c]	1	[34]

Tipo de ambiente	Sítio Web	Atividade de ^{137}Cs (Bq kg1)
	Boca do rio	
Foz dos rios	Coatzacoalcos, Oaxaca	1.80-7.70
		1.40-3.90

Rios		10-50
	Rio Aar y Reno, Suíça	
	Rio Yanhe, China	0.92-4.82
Mar dentro de	Mar Negro, Turquia	2.08-37.45
Plataforma Continental		Nível de fundo
	Go lfo en Tehuantepec, México	1-1.70
		1.30-2.80
	Pacífico Equatorial Ocidental, Mar das Filipinas	0.20-0.50

Coordenadas principais	Precipitação3 (mm por ano1)	Altitude (masl)	Referência
n. d			[32]
	1,708±734	90	
18°11.103'N ; 94°27.078'0			
n. d	n.d.	1877	[56]
n. d	n.d.	1050	[58]
n. d	n.d.	45	[54]
15°27.22'N ; 94°22.86'O 15°59.987'N ; 94°48.469'0 7°51.50'N ;	2,184±745	0	[36] [37]
126°33.28'E 8°0.03'N; 126°34.50'E	n.d.	0	[52]

Tipo de ambiente	Sítio Web	Atividade de 137Cs (Bq kg-1)	Dados de contacto A peça central	Precipitação Precipitação (mm yr-1)	Altitude (m.s.l.)	Referênci a
Plataform a Continent al	Ilha de Sumba, Indonésia	<1.50	n.d.	n.d.	0	[52]
	Oceano Sudeste Atlantico, Brasil.	0.30-1.79	28°40'N	n.d.	0	[53]

n.d.: não disponível.

uma média anual global para os períodos ~1960-2016, 1947-2016b e 1981-2008c, a partir da estação meteorológica mais próxima [59].

d A altura foi obtida em getamap.net [60].

7.2. Relação entre latitude, precipitação, altitude e deposição de Cs[137]

7.2.1. Latitude

A atividade de [137] Cs nos sedimentos varia com a latitude, uma vez que a maior parte dos ensaios atmosféricos de armas nucleares (entre as décadas de 1950 e 1960) foi realizada em locais no hemisfério norte, pelo que os resíduos radioactivos foram transportados desses locais para outras latitudes pela circulação atmosférica [6]. Em todo o mundo, a maior deposição de [137] Cs foi medida no paralelo 45 no hemisfério norte (Tabela 2), com um valor médio de 5.090 Bq m^{-2} [21]. Como o México está localizado entre 14° 30' N e 32° 43' N no hemisfério norte, uma grande parte do país está fora das latitudes onde ocorreu a maior deposição atmosférica de [137] Cs [21].

Comparámos a atividade do [137] Cs nos sedimentos com a latitude dos diferentes sistemas aquáticos (Figura 8) e não encontrámos uma correlação significativa

(R=0,11, p>0,05), o que provavelmente se deve a outras variáveis como altitude, precipitação, salinidade ambiental e teor de argila nos sedimentos, que podem influenciar a deposição e acumulação de[137] Cs, bem como processos diagenéticos que podem favorecer a difusão de[137] Cs através da coluna sedimentar [61]. Quadro 2. Deposição global de[137] Cs em função da latitude [21].

Latitude (°)	Média (Bq m-2)	Intervalo (Bq m-2)
Hemisfério Norte		
45	5090	1540-10230
55	5040	2770-7910
35	4100	700-10630
65	3420	1110-8060
25	2620	120-6430
Hemisfério Sul		
-5	800	100-1210
-35	580	150-1430

Golfo de Tehuantepec

Lagoa de Mitla. Guerrero

Boca do rio Coatzacoalcos. Oaxaca

Laguna Terminos, Campeche

Lago Verde. Veracruz

Lagoa do Alvarado. Veracruz

Lago Zirahuen. Veracruz

Lago Espejo de Lirios. Cidade do México

Lago Chapala, Jalisco

Altata Ensenada del Pabellon. Sinaloa

Boca do rio Culiacan, Sinaloa

Lagoa de Ohuira

Laguna de Terminos. Campeche

Lago Santa Maria del Oro, Nayarit

Lago Xingyung. China

Lago Puyehue, Chile

Pacífico equatorial ocidental. Mar da Turquia

Sudeste do Oceano Atlântico. Brasil

Figura 8: Correlação das actividades em função da latitude em sistemas aquáticos no México e no mundo.

7.2.2.   Precipitação Precipitação

Este estudo avaliou a atividade de [137] Cs em relação à precipitação em diferentes sistemas hidrográficos mexicanos (Figura 9), determinada a partir dos valores totais anuais de precipitação da rede de estações climáticas da Comissão Nacional da Água (CONAGUA) do Serviço Meteorológico Nacional (SMN). Foi observada uma correlação significativa entre [137] a atividade do Cs e a precipitação (P<0,05, R=0,6214), o que corresponde à correlação observada nas bacias hidrográficas dos rios Carrion e Noguera Pallaresa em Espanha, uma vez que foi observada uma correlação significativa entre [137] os stocks de Cs e a precipitação média anual [62].

Na região oceânica do hemisfério norte, a maior deposição de [137] Cs foi observada em zonas com elevadas trocas estratosfera-troposfera e elevada precipitação, ao passo que nas regiões secas e desérticas foi observada uma baixa deposição de [137] Cs [21]. Além disso, Simon et al (2004) estimaram que a deposição de [137] Cs nos Estados Unidos é mais elevada nas regiões leste e centro-oeste, onde chove mais, do que na região sudoeste, onde chove mais, do que na região oeste, onde chove mais do que na região oeste [20].

prevalecem condições áridas [63]. Em núcleos de sedimentos recolhidos em lagoas costeiras no noroeste do México (Estuario del Rfo Culiacan [34], Altata Ensenada del Pabellon [35], Laguna de Ohuira [38] em Sinaloa), a atividade de [137] Cs não excedeu o valor inicial e a precipitação é rara nesta região (Quadro 1). No entanto, a ausência do sinal de [137] Cs nos sedimentos costeiros está também ligada à elevada solubilidade do radionuclídeo na água do mar [39].

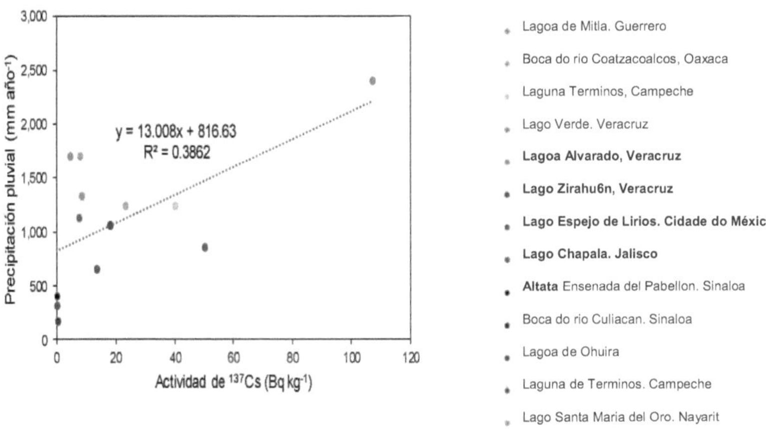

Figura 9: Correlação da atividade em função da precipitação nos sistemas aquáticos de

7.1.1. Altitude

A atividade do [137] Cs nos sedimentos foi comparada com a altitude em diferentes sistemas aquáticos no México (Tabela 1) e foi observada uma relação significativa (P<0,05, R=0,6291) (Figura 10), o que pode ser explicado pelo facto de a precipitação atmosférica ser mais intensa a grandes altitudes, uma vez que os poluentes são depositados diretamente do ar [23]. Isto também foi observado por Kubica et al (2002), que analisaram amostras de solo no Parque Nacional de Tatras, na Polónia, e encontraram a maior atividade de [137] Cs em locais acima de 1.300 m [64].

Figura 10. [137] Atividade de Cs em função da altitude em sistemas aquáticos no México.

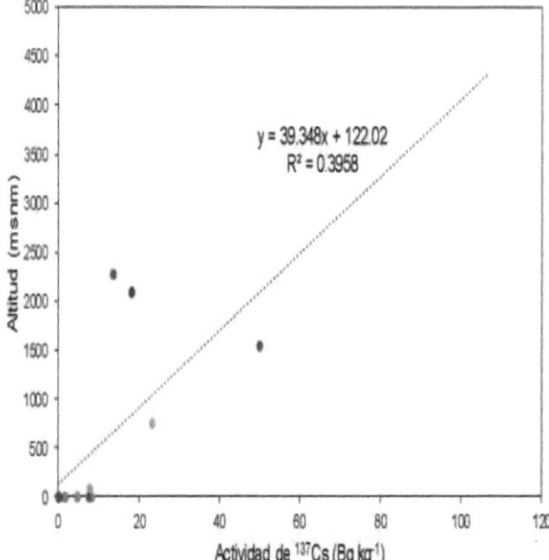

Golfo de Tehuantepec

Lagoa de Mitla. Guerrero

Boca do rio Coatzacoalcos, Oaxaca

Lagoa do Alvarado. Veracruz

Lago Zirahuen. Veracruz

Lago Espejo de Lirios. Cidade do México

Lago Chapala. Jalisco

Altata Ensenada del Pabelldn. Sinaloa

Boca do rio Culiacan. Sinaloa

Lagoa de Ohuira

Laguna Terminos, Campeche

Lago Santa Maria del Oro. Nayarit

CONCLUSÕES

1. As amostras de sedimentos foram processadas e foi analisada a atividade dos radionuclídeos[137] Cs nos núcleos SAMO 14-2 e SAMO 18-4 do Lago Santa Mana del Oro e nos núcleos LTME1 e LTME2 da Laguna de Terminos.

2. A gama de actividades de[137] Cs foi determinada nos quatro núcleos de perfuração analisados. Foi maior nos núcleos de sedimentos do Lago Santa Mana del Oro ($2{,}29\pm1{,}09$ a $23{,}06\pm1{,}65$ Bq kg^{-1}) do que na Laguna de Terminos ($1{,}79\pm0{,}52$ - $4{,}16\pm0{,}59$ Bq kg)$^{-1}$

3. O perfil estratigráfico de[137] Cs foi estabelecido para cada um dos núcleos estudados. A atividade máxima de[137] Cs nos núcleos SAMO 14-2, SAMO 184 e LTME1 foi útil para validar as cronologias deduzidas pelo método de datação[210] Pb, enquanto que para o núcleo LTME2, a cronologia não pôde ser validada porque a atividade máxima de[137] Cs não coincidiu com a data prevista de 1963, provavelmente devido à contribuição de solos erodidos da bacia hidrográfica.

4. Com base nos dados publicados na literatura sobre as actividades de[137] Cs em sedimentos de diferentes sistemas aquáticos no México e nos dados obtidos para os núcleos analisados nesta investigação, foi estabelecida uma correlação positiva significativa entre as actividades de[137] Cs e a precipitação, bem como a altitude das áreas de amostragem, dado que a deposição atmosférica de[137] Cs em sedimentos ocorre principalmente através de v^a húmida e que o radionuclídeo é depositado diretamente do ar em áreas mais elevadas.

BIBLIOGRAFIA

[1] A.C Ruiz-Fernandez, J. Sanchez-Cabeza, F. Paez-Osuna, J. Ontiveros-Cuadras, "Environmental records of global change", Science et développement, 2014.

[2] P. Lopez, "Recent geochronology with^{210} Pb of the accumulation of organic carbon and persistent organic compounds (PAHs and PCBs) at two sites on the Mexican Pacific Continental Shelf", Master's Thesis, Universidad Nacional Autonoma de Mexico, Mazatlan, Sinaloa, Mexico, 2011.

[3] A.C. Ruiz-Fernandez, "Distribucion espacial y temporal de metales pesados en sedimentos lacustres de la cuenca Mexico: Chalco, Texcoco y Cuautitlan Izcalli, Estado de Mexico", tese de doutoramento, Universidad Nacional Autonoma de Mexico, Mazatlan, Sinaloa, Mexico, 204, 1999.

[4] J. Sanchez-Cabeza, M. D^az-Ascencio, A. Ruiz-Fernandez, "Radiocronologia de sedimentos costeiros utilizando^{210} Pb: Modelos, validação e aplicações," 2012.

[5] Marie-Martine Be, V. Chiste, C. Dulieu, *Tableau des radionucléides* (3), 91, 2006. Disponível em: www.nucleide.org. Acedido em 09.05.2018.

[6] J. Bernal, L. Beramendi, K. Lugo-Ibarra, L. Daessle, "Revisão de alguns geocronómetros radiométricos aplicáveis ao Quaternário", Boleth de la Sociedad Geologica Mexicana. V. 3 (62), P. 305-323, 2010.

[7] S. Krishnaswami, D. Lal, *Radionuclide-Limnochronology*, In A. Lerman (ed.), Lakes: Chemistry, Geology, Physics. Springer-Verlag, Nova Iorque, 1978, p. 153177.

[8] Q. HE, D. E. Walling, "Interpreting Particle Size Effects in the Adsorption of[137] Cs and Unsupported[210] Pb by Mineral Soils and Sediments", Environmental Radioactivity 30, pp. 117-137, 1996.

[9] R. D. Delaune, W. H. Patrick, R. J. Buresh, "Sedimentation rates determined by Cs[137] dating in a rapidly expanding salt marsh", USA, Lousiana: Nature. 275, S. 532-533, 1978.

[10] S. F. Sugai, M. J. Alperin, W. S. Reeburgh, "Episodic deposition and[137] Cs immobility in Skan Bay sediments: a ten-year[210] Pb and[137] Cs time series," Marine Geology 116, pp. 351-372, 1994.

[11] A. C. Ruiz-Fernandez, F. Paez-Osuna, J. Urrutia-Fucugauchi, M. Preda, "[210] Geocronologia Pb das taxas de acumulação de sedimentos na Zona Metropolitana da Cidade do México registada nos sedimentos do lago Espejo de los Lirios," Catena 61 (1), pp. 31-48, 2005.

[12] mexicoo.mx, "Actividades economicas y servicios en Santa Mana Del Oro," in *Directorio empresarial mexicano,* 2018. [Online]. Disponível em : https://mexicoo.mx/empresas/nayarit/santa-maria-del-oro/actividades-economicas [Acedido em 9 de janeiro de 2019].

[13] Ecured, "Laguna de Terminos", in *Media Wiki*, 2015 [Em linha]. Disponível em: https://www.ecured.cu/Laguna_de_Terminos [Acedido em 9 de janeiro de 2019].

[14] UNAM, Instituto de Ciências do Mar e Limnologia, "Antecedentes", 2018. Disponível em: http://www.icmyl.unam.mx/mazatlan/uves/mazatlan/es/quienes-. somos/contexto

[15] UNAM, Instituto de Ciencias del Mar y Limnolog^a, "Personal Academico", 2018. Disponível em: http://www.icmyl.unam.mx/mazatlan/uves/mazatlan/es/personal-. académicos-mztn

[16] W. Daub e W. S. Seese, "Qumica Nuclear" em *Qumica*, Pearson Eucacion, México, 2005, pp. 652-653.

[17] E.D. Goldberg, M. Koide, "Geochronological studies of deep-sea sediments by the ionium/thorium method: Geochimica et Cosmochimica", Ata, 26, pp. 417-450, 1962.

[18] S. Krishnaswamy, D. Lal, J.M. Martin, M. Meybek, "Geochronology of lake sediments: Earth and Planetary Science Letters", 11 : p. 407-414, 1971.

[19] A.C. Ruiz-Fernandez, F. Paez-Osuna, M.L. Machain-Castillo, E. Arellano-Torres, "^{210}Pb geochronology and trace metal fluxes (Cd, Cu and Pb) in the Gulf of Tehuantepec, South Pacific of Mexico," Journal of Environmental Radioactivity. 76 (1-2), S. 161-175, 2004.

[20] Ontiveros-Cuadras, J. "Retrospective study of historical trends in fluxes of potentially toxic elements (As, Cr, Cu, Hg, Pb, Rb, Zn, V), persistent organic pollutants (PCBs, PBDEs and PAHs) and organic carbon in two Mexican Altiplano lakes characterised by different degrees of anthropisation", Universidad Nacional Autonoma de Mexico, 2015.

[21] M. Aoyama, K. Hirose, Y. Igarashi, "Re-construction and updating our understanding on the global weapons tests^{137}Cs fallout," J. Environ. Monit. 8, p. 431-

438, 2006.

[22] J. E. Figueruelo e M. Marino-Davila, "Transferencia en compartimientos medioambientales" in *Qumica ftsica del ambiente y de los procesos medioambientales,* Reverte, Espana, 2014, p. 257.

[24] A. C. Ruiz-Fernandez, M. Maanan, J. Sanchez-Cabeza, L. Perez-Bernal, P. Lopez, A. Limoges, "Cronologia^a de sedimentação recente e caraterização geoquímica dos sedimentos da lagoa Alvarado, Veracruz (sudoeste do Golfo do México)," Ciências Marinhas, 40 (4), pp. 291-303, 2014.

[25] M. Casas-Ruiz, M. Barrera, F. Feria, C. Corredor e R. A. Ligero, "Un Modelo de Migracion Vertical del[137] Cs," Geoqumica Isotopica Aplicada al Medioambiente, Seminarios de la Sociedad Espanola de Mineralog^a, 1, pp. 107-147, 2004.

[26] P. A. Lima Ferreira, E. Siegle, C. A. Franca Schettini, M. Michaelovitch, R. C. Lopes Figueira, "Validação estatística do modelo de difusão-convecção (MDC) de[137] Cs para a avaliação de taxas de sedimentação recentes em sistemas costeiros", J Radioanal Nucl Chem, pp. 2059-2071, 2015.

[27] H. Mukai, A. Hirose, S. Motai, R. Kikuchi, K. Tanoi, T. M. Nakanishi, T. Yaita, e T. Kogure, "Cesium adsorption/desorption behavior of clay minerals considering atual contamination conditions in Fukushima," Scientific Reports, pp. 1-7, 2016.

[28] M. Okumuraa, S. Kerisitb, I. C. Bourgc, L. N. Lammersde, T. Ikedaf, M. Sassib, K. M. Rossob, M. Machidaa, "Interação do radiocésio com minerais de argila: Teoria e avanços na simulação Pós-Fukushima", Journal of Environmental Radioactivity 189, pp. 135-145, 2018.

[29] F. Fernex, P. Zarate-del Valle, H. Rammez-Sanchez, F. Michaud, C. Parron, J. Dalmasso, G. Barci-Funel, M. Guzman-Arroyo, "Sedimentâtion rates in Lake Chapala (Western Mexico): possible active tectonic control", Chemical Geology, 177, pp. 213-228, 2001.

[30] J. C. Lynch, J.R. Meriwether, B.A. McKee, F. Vera-Herrera, R.R. Twilley, "Recent accretion in mangrove ecosystems based on ^{137} Cs and ^{210} Pb," Estuaries. 12 (4), S. 284-299, 1989.

[31] S. J. Davies, S.E. Metcalfe, A.B. MacKenzie, A.J. Newton, G.H. Endfield, J.G. Farmer, "Environmental changes in the Zirahuen basin, Michoacan, Mexico, during the last 1000 years", Journal of Paleontology. 31 (1), S. 77-98, 2004.

[32] A. C. Ruiz-Fernandez, J. Sanchez-Cabeza, A. Hernandez, V. Martmez-Herrera, H. Perez-Bernal, M. Preda, Hillaire-Marcel, J. Gastaud, A. Quejido-Cabezas, "Effects of land use change and sediment mobilization on coastal contamination (Coatzacoalcos River, Mexico)", Continental Shelf Research, 37, pp. 57-65, 2012.

[33] F. Paez-Osuna e E.F. Mandelli, "^{210} Pb in a tropical coastal lagoon sediment core," Estuarine, Coastal and Shelf Science, 20, pp. 374-387, 1985.

[34] A.C. Ruiz-Fernandez, C. Hillaire-Marcel, B. Ghaleb, F. Paez-Osuna, M. Soto Jimenez, "Recent sedimentary history of anthropogenic impacts on the Culiacan River Estuary, northwestern Mexico: geochemical evidence from organic matter and nutrient," Environmental Pollution, 118, pp. 365-377, 2002.

[35] A.C. Ruiz-Fernandez, C. Hillaire-Marcel, B. Ghaleb, F. Paez-Osuna, M. Soto Jimenez, "Restrições isotópicas (^{210} Pb, ^{228} Th) sobre a dinâmica sedimentar de

sedimentos contaminados de uma lagoa costeira subtropical (NW México)," Environmental Geology, 41, pp. 74-89, 2001.

[36] A.C. Ruiz-Fernandez, F. Paez-Osuna, M.L. Machain-Castillo, E. Arellano-Torres, "^{210} Pb geochronology and trace metal fluxes (Cd, Cu and Pb) in the Gulf of Tehuantepec, South Pacific of Mexico," Journal of Environmental Radioactivity. 76 (1-2), S. 161-175, 2004.

[37] A. C. Ruiz-Fernandez, C. Hillaire-Marcel, A. Vernal, M. Machain-Castillo, L. Vasquez, B. Ghaleb, Aspiazu-Fabian, F. Paez-Osuna, "Changes of coastal sedimentation in the Gulf of Tehuantepec, South Pacific Mexico, over the last 100 years from short-lived radionuclide measurements", Estuarine, Coastal and Shelf Science 82, pp. 525-536, 2009.

[38] A. C. Ruiz-Fernandez, M. Frignani, T. Tesi, H. Bojorquez-Leyva, L. Bellucci, F. Paez Osuna, "Recent sedimentary history of organic matter and nutrient accumulation in the Ohuira Lagoon, Northwestern Mexico," Archives of Environmental Contamination and Toxicology, 53 (2), pp. 159-167, 2007.

[39] A. C. Ruiz-Fernandez, C. Hillaire-Marcel, "^{210} Idades derivadas de Pb para a reconstrução da história de contaminantes terrestres na costa do Pacífico mexicano: potencial e limitações," Mar. Pollut. Bull. 59 (4), p. 134-145, 2009.

[40] S. Sosa-Najera, S. Lozano-Garrta, P.D. Roy, M. Caballero, "Record of historical droughts in western Mexico based on elemental analysis of lake sediments: The case of Lake Santa Mana del Oro", Boletm de la Sociedad Geologica Mexicana 62, 3, p. 437-451, 2011.

[41] D. Serrano, A. Filonov, I. Tereshchenko, "Dynamic response to valley breeze circulation in Santa Mana del Oro, a vulcanic lake in Mexico", Geophysical Research Letters, 29, 13, pp. 1649, 2002.

[42] M. Caballero, A. Rodnguez, G. Vilaclara, B. Ortega, Roy Priyadarsi, S. Lozano, "Hydrochemistry, ostracods and diatoms in a deep, tropical, crater lake in Western Mexico," 72 (3), pp. 512-523, 2013.

[43] CONABIO, "Comissão Nacional para o Conhecimento e Uso da Biodiversidade", 2018. Disponível em: http://www.conabio.gob.mx/conocimiento/regionalizacion. Acedido em 11.09.2018.

[44] SEDATU, "Atlas de Riesgos del Municipio de Santa Mana del Oro, Nayarit," Secretaria de Desenvolvimento Agrícola, Territorial e Urbano. Governo de Nayarit, 372.

[45] INEGI, "XIII Recenseamento Geral da População e da Habitação 2010", 2010. Disponível em: http://www.inegi.gob.mx/. Acedido em 12/09/18.

[46] H.G. Reyes-Gomez e A.D. Vazquez-Lule, "Caracterizacion del sitio de manglar Isla del Carmen, in Comision Nacional para el Conocimiento y Uso de la Biodiversidad (CONABIO)," Sitios de manglar con relevancia biologica y con necesidades de rehabilitacion ecologica, CONABIO, México, D.F., 19, 2009.

[47] CEC, "Blue Carbon in North America", Comissão para a Cooperação Ambiental, Montreal, p. 4, 2014.

[48] J. M. Garrta, "Geocronologia com^{210} Pb em núcleos de sedimentos de dois

sistemas aquáticos no México. Marismas de la Laguna de Terminos, Campeche e Lago Santa Mana del Oro, Nayarit," Tese de Licenciatura, Universidad Politecnica de Sinaloa, Mazatlan, Sinaloa, México, 2019.

[49] A. C. Ruiz-Fernandez, C. Hillaire-Marcel, F. Paez-Osuna, B. Ghaleb, e M. Caballero, "^{210}Pb chronology and trace metal geochemistry at Los Tuxtlas, Mexico, as evidenced by a sedimentary record from the Lago Verde crater lake," Quaternary Research 67, pp. 181-192, 2007.

[50] R. Martmez Lugo, G. Felipe Oliva, "La contaminacion radioactiva de los ecosistemas", 1997.

[51] D. Pittauer, P. Roos, J. Qiao, W. Geibert, M. Elvert, H.W. Fischer, "Pacific Proving Ground radioisotope imprint in the Philippine Sea sediments", Journal of Environmental Radioactivity 186, pp. 131-141, 2018.

[52] D. Pittauer, S.G. Tims, M.B. Froehlich, L.K. Fifield, A. Wallner, S.D. McNeil, H.W. Fischer, "Continuous transport of Pacific-derived anthropogenic radionuclides towards the Indian Ocean," scientific reports, pp. 1-8, 2017.

[53] C.L Figueira, M.G. Tessler, M.M de Mahiques, I.L. Cunha, "Distribuição de ^{137}Cs, ^{238}Pu e $^{239+240Pu}$ em sedimentos da plataforma sudeste do Brasil - margem atlântica do sudoeste," Science of the Total Environment 357, pp. 146-159, 2006.

[54] Hasan Baltasa, Murat Sirina, Goktug Dalgicb, Ugur Cevikc, "An overview of the ecological half-life of the ^{137}Cs radioisotope and a determination of radioactivity levels in sediment samples after Chernobyl in the Eastern Black Sea, Turkey," Journal of Marine Systems, 177, pp. 21-27, 2018.

[55] C. Gao, J. Yu, X. Min, A. Cheng, R. Hong e L. Zhang, "Concentrações de metais pesados em sedimentos do lago Xingyun, sudoeste da China: implicações para as alterações ambientais e actividades humanas", Environmental Earth Sciences, pp. 1-13, 2018.

[56] J. Abrahama, K. Meusburgerb, J. Kobler Waldisb, M.E. Kettererc, M. Zehringera, "Fate of^{137} Cs,^{90} Sr and$^{239+240}$ Pu in soil profiles at a water recharge site in Basel, Switzerland," Journal of Environmental Radioactivity, 182, pp. 85-94, 2018.

[57] F. Arnaud, O. Magand, E. Chapron, S. Bertrand, X. Boës, F. Charlet, M.A. Melieres, "Radionuclide dating (^{210} Pb,^{137} Cs,^{241} Am) of recent lake sediments in a highly active geodynamic setting (Lakes Puyehue and Icalma-Chilean Lake District)", Science of the Total Environment 366, pp. 837-850, 2006. [58] [59] [60]

[59] SMN, Servicio Meteorologico Nacional, "Normales Climatologicas por Estado", 2018. Disponível em: http://smn.cna.gob.mx/es/climatologia/informacion-climatológico Acesso : 25/09/2018

[60] "Mapas do mundo inteiro (latitudes e longitudes)", 2018. Disponível em: http://es.getamap.net/ Acesso em: 27/09/2018.

[61] P. Porto, Des E. Walling, G. Callegari, e A. Capra, "Using caesium-137 and unsupported lead-210 measurements to explore the relationship between sediment mobilization, sediment delivery and sediment yield for a Calabrian catchment,"

58 X. Zhang, D.E. Walling, Q. Yang, X. He, Z. Wen, Y. Qi, M. Fen, "^{137} Cs budget na década de 1960, numa pequena bacia hidrográfica no planalto de Loess, na China".
Journal of Enviromental Radioactivy 86, p. 78-91, 2006.

Marine and Freshwater Research 60, pp. 680-689, 2009.

[62] J. A. Sanchez-Cabeza, M. Garrta-Talavera, E. Costa, V. Pena, J. Garrta-Orellana, P. Masque, C. Nalda, "Calibração regional de radiotraçadores de erosão (^{210} Pb e^{137} Cs): fluxos atmosféricos para os solos (norte de Espanha)," Environmental Science and Technology 41 (4), pp. 1324-1330, 2007.

[63] S. L. Simon, A. Bouville e H. L. Beck, "The geographic distribution of radionuclide deposition across the continental US from atmospheric nuclear testing", J. Environ. Radioact, 74, p. 91-105, 2004. [61]

APÊNDICES

Apêndice 1: Método de análise do ^{137}Cs por espetrometria gama.

1. Materiais e equipamentos

a) Materiais :

Fecho de velcro em PVC

BoKgraph

Colher de plástico

Compressor (seringa de embolia de 5 ml)

Tampão de borracha

Fita de teflon

Tubos de polietileno de 4 ml

Fita adesiva

Diário de laboratório

b) Equipamento

Estufa de secagem

Balança analítica

Espectrómetro gama Ortec HPGe

Reciclador de nitrogénio Kquido (Mobius)

2. Procedimento de preparação da amostra

2.1.   Secagem de amostras

Os sedimentos a analisar devem ser pré-secos numa estufa a 45°C durante ~24

horas.

2.2.   Amostra de arrefecimento

As amôstras secas são retiradas da estufa e colocadas num exsicador com sílica

gel; aguardar pelo menos 1 hora para que os sedimentos arrefeçam até à temperatura ambiente.

2.3. Tubos de enchimento

Para determinar o peso da amostra a analisar, utilizar uma balança analítica e proceder do seguinte modo

- Marcar os tubos de polietileno com o volume desejado (2 ou 4 ml), consoante a disponibilidade de amostras.

- Tara dos tubos de polietileno.

- Encher os tubos com sedimento até à linha de referência (aproximadamente 2 ou 4 g, consoante a geometria, por exemplo, 2 mL ou 4 mL).

- Compactar o sedimento com o punção de plástico.

- Tubos de pesagem cheios de amostra

- Registar o peso no diário de bordo.

- Fechar os tubos com uma rolha de borracha e selar com fita de Teflon.

- Etiquetar os tubos com fita adesiva e indicar o nome e a secção do núcleo da célula, bem como o peso do sedimento.

- Revestir os tubos com velcro.

- Aguardar 21 dias para que se estabeleça o equilíbrio radioativo entre ^{222}Rn e Pb.^{214}

3. Método de medição por espetrometria gama

3.1. arranque :

- Abra o software GammaVision e seleccione a opção **Settings (Definições)** no menu **File (Ficheiro). Em Sample description (Descrição da amostra), especificar** o detetor com o qual a amostra deve ser analisada, a geometria (2 ou 4 ml), o núcleo e a secção transversal da amostra (exemplo: G1 4ml SILVA E6B 5-6); em **Sample size (Tamanho da amostra)**, especificar a massa e a unidade de medida da amostra (kg ou l). Selecionar **OK**

- Seleccione **GO** e verifique o nome e a massa da amostra.

3.2. **Recomendação sobre o tempo de medição :**

- Medir durante 2 dias.

- Analisar o espetro (ver instruções em "Análise" abaixo).

- Para ^{137}Cs ou ^{241}Am: ver a coluna Det_Limit (limite de deteção) e Det_Thres
  (valor limite do limiar) em "Resumo dos radionuclídeos". Se a atividade da
  amostra estiver abaixo do limiar crítico, não é necessário continuar a
  contagem; se estiver entre os dois, medir mais um dia; se estiver acima, parar
  a medição.

4. Procedimento de análise dos resultados das medições

4.1. No disco rígido do computador ligado ao dispositivo Gamma e na pasta
a subpasta **Spectra da** pasta **GAMMA para verificar a** presença de uma
pasta

do projeto e do kernel a analisar, ou criar essas pastas.

4.2. Na pasta "Spectra", abra o ficheiro "Model Spreadsheet".

Gamma spectrometry sediment profiles 16052016.xls" no menu **File**,
selecionar a opção **Save as**, escolher a pasta do núcleo a analisar e nomear
o ficheiro Gamma spectrometry results, indicando o nome do núcleo, por
exemplo "**LTME1 gamma spectrometry results**".

4.3. No menu **Ficheiro**, seleccione **Guardar como** e abra
automaticamente a janela

Spectra, encontre a pasta do projeto e o kernel correspondente. Defina as
secções como xx-yy, verifique o nome e o peso da amostra e, em seguida,
seleccione **OK**.

4.4. No menu **Analyse**, seleccione **Settings (Definições)**, escolha o **tipo
de amostra** e, no campo

File - Browse: Selecionar o ficheiro correspondente ao **tipo de amostra** (por exemplo, G1 4ml 18052015 sediments marshes.Sdf); selecionar **OK**. Examinar o ficheiro de análise e de calibração (**Calibrate**, **Get** calibration, Choose calibration according to detetor, geometry and sample type) seleccionando **Open** ou fazendo duplo clique sobre o ficheiro correspondente. Para definir o peso da amostra, introduzir o peso da amostra no menu **File (Ficheiro)** na opção **Setup (Configuração)** e selecionar **OK**.

4.5.   No menu **Analisar**, seleccione a opção **Espectro total na memória**:
O resultado é o seguinte

um ficheiro em formato RPT com os resultados da análise; verificação dos dados da análise: nome, detetor, ficheiro de calibração; validação; verificação da massa.

4.6.   Seleccione os dados na **pré-visualização de nuclídeos** e copie-os para o ficheiro

Folha de resultados MS Excel para cada núcleo, correspondente à secção do núcleo analisada (ver secção 4.2). Preencher os dados na primeira linha da folha (nome da amostra, profundidade, data da medição, detetor e hora da medição).

[23] J.W. Mietelski, B. Kubica, P. Gaca, E. Tomankiewicz, S. Blazej, M. Tujeta-Krysa, M. Stobinski, "$^{23}8, 22^{39+40}$ Pu, ^{241} Am, ^{90} Sr e ^{137} Cs em amostras de solo de montanha do Parque Nacional de Tatra (Polónia)," Journal of Radioanalytical and Nuclear Chemistry 275, 3, pp. 523-533, 2008.

Printed by Books on Demand GmbH, Norderstedt / Germany